Mohamed-Zine Messaoud-Boureghda

Remoção de corantes directos de águas residuais por resíduos de fibras de algodão

Mohamed-Zine Messaoud-Boureghda

Remoção de corantes directos de águas residuais por resíduos de fibras de algodão

ScienciaScripts

Cover image: www.ingimage.com

This book is a translation from the original published under ISBN 978-620-2-31599-9.

Publisher:
Sciencia Scripts
is a trademark of
Dodo Books Indian Ocean Ltd. and OmniScriptum S.R.L publishing group

120 High Road, East Finchley, London, N2 9ED, United Kingdom
Str. Armeneasca 28/1, office 1, Chisinau MD-2012, Republic of Moldova, Europe
Printed at: see last page
ISBN: 978-620-7-93769-1

Índice

Capítulo 1	**4**
Capítulo 2	**11**
Capítulo 3	**19**
Capítulo 4	**26**
Capítulo 5	**35**
Capítulo 6	**38**

Resumo

A proteção do ambiente é uma condição prévia para o crescimento sustentado e uma melhor qualidade de vida para todos os povos da Terra. Os efluentes industriais aquosos são as principais fontes de poluição. Entre os compostos destes efluentes, os corantes são particularmente resistentes à descoloração por métodos convencionais, e as descargas apresentam muitos problemas que devem ser suportados

Os corantes sintéticos são utilizados nos sectores industriais, especialmente na indústria têxtil. Existe uma certa seletividade das fibras de algodão cru para os diferentes tipos de corantes, dependendo da estrutura química dos corantes. Verificamos que esta afinidade é muito elevada para os corantes directos e diminui para os corantes reactivos e os corantes pigmentados

Este estudo incide sobre a eliminação de corantes directos de águas residuais da indústria têxtil, através da sua adsorção em resíduos de fibras de algodão muito adsorventes, a taxa de remoção superior a 75% para os três tipos de corantes directos utilizados, foi feita uma matemática das isotérmicas de adsorção e da sua cinética de adsorção e mostra os modelos matemáticos das curvas de adsorção, mostra que o corante direto vermelho216 adsorve muito facilmente e a saturação é obtida após 30 mn e o corante direto amarelo4 s' adsorve regularmente e atinge a saturação a 100 mm, o que mostra que a adsorção é feita de acordo com a estrutura espacial do corante e a porosidade do algodão esta técnica é interessante, pois permite recuperar o algodão adsorvido como matéria-prima para várias utilizações e a um custo muito baixo .

Palavras chave: Algodão direcciona corantes, adsorção, reutilização de águas residuais, têxtil, cinética, equilíbrio, cinética, termodinâmica.

Capítulo 1

INTRODUÇÃO

Na Argélia, o desenvolvimento sustentável exige imperativamente a proteção do ambiente e um crescimento económico sustentado baseado em tecnologias mais limpas, que devem preocupar-se com a qualidade de vida dos cidadãos. Por conseguinte, deve estar consciente dos efeitos adversos relacionados com os riscos ambientais gerados pelos resíduos de fabrico. As descargas de águas residuais industriais são as principais fontes de poluição dos receptores ambientais. Os fluxos de muitos processos são muito variados e dão origem a um efluente final complexo; esta complexidade depende de vários factores, tais como o tipo e a natureza da matéria-prima, o produto acabado, a engenharia, os produtos químicos e os aditivos utilizados,

As exigências dos cidadãos preocupados com a saúde e a proteção do seu ambiente, para que as descargas líquidas das indústrias têxteis cumpram a regulamentação, que é muito rigorosa neste domínio, obrigaram os gestores a tomar medidas adequadas para satisfazer as expectativas da sociedade civil. Infelizmente, os complexos corantes sintéticos utilizados dificultam a descoloração. (El-Sharkawy, 2001), os corantes são, em grande parte, muito solúveis em soluções aquosas e a sua eliminação representa um desafio formidável, ((Aboua, KN e al 2015). Embora os corantes constituam apenas uma pequena proporção do volume total de resíduos líquidos industriais, não são facilmente removidos, biologicamente, porque a sua estrutura química é muito complexa.

Todos os anos, no mundo, são consumidas 7105 toneladas de corantes, consistindo em 10 000 tipos diferentes de corantes, sendo a percentagem de corante encontrada nos rejeitados de 15% após o processo de tingimento (Elmoubarki A et al., 2015). Este afluxo maciço de produtos químicos orgânicos aos rios coloca enormes problemas, incluindo a poluição visual, a eutrofização, a biodiversidade aquática e a saúde ambiental das populações da região (Chibane et al., 2012). Representa também um perigo ambiental crescente devido à sua natureza carcinogénica refractária [5] (Ramesh Babu e al .2007)

(Mansoureh e al .2014). A redução da concentração de corantes nas águas residuais para valores ambientalmente aceitáveis é uma necessidade absoluta. Entre vários métodos químicos e físicos são utilizados, mas a adsorção continua a ser o mais eficaz, como demonstrado pelos indicadores: custo e desempenho. (Simphiwe and al.2012]. Várias técnicas convencionais de descoloração utilizadas industrialmente (automóvel, produtos químicos, papel e têxteis) têm mostrado os seus limites (Lin e Chen. 1997) porque os resíduos tratados que surgem na natureza de muitos problemas para resolver; para a indústria têxtil, a afinidade entre as fibras e os corantes variam dependendo da estrutura química dos corantes e do tipo de materiais a que são aplicados (Gurses e al.2016) É frequentemente observado que durante a operação de tingimento, de 15% a 20% dos corantes de enxofre e, por vezes, até 40% dos corantes reactivos são encontrados no efluente...

A afinidade do corante para a fibra é particularmente desenvolvida, que tem um carácter ácido ou básico acentuado. Estas características específicas do corante aumentam a sua persistência no ambiente e tornam-no relutante em ser biodegradado (Chunli e al.2013).

Os corantes directos contêm ou são capazes de formar cargas positivas ou negativas atraídas electrostaticamente pelas cargas das fibras. Distinguem-se pela sua afinidade pelas fibras celulósicas sem aplicação de mordente, ligada à estrutura plana da sua molécula (Nagarethinam e Mariappan.2002).

Devemos também salientar os efeitos adversos sobre a saúde da vida selvagem e, indiretamente, sobre a saúde humana, porque muitos dos corantes utilizados nos lagos e rios são tóxicos. Efeitos carcinogénicos têm sido diagnosticados em mamíferos na sequência de metabolitos resultantes da digestão enzimática de moléculas de corantes. O objetivo deste estudo é a remoção de corantes directos contidos nas águas residuais, utilizando como adsorvente resíduos de fibras de algodão. Esta técnica apresenta uma dupla alternativa vantajosa tanto do ponto de vista económico como ambiental, a primeira é a reutilização das fibras residuais após a adsorção, como matéria-prima para o fabrico de produtos alternativos (almofadas, colchão de almofada), a segunda é o tratamento in loco das águas residuais. A cor é um fator fisiológico muito importante na poluição (Ben Mansour e al.2010) (Hua e al.2010). Estes são os mais típicos nas emissões industriais de acabamento têxtil. Os efluentes coloridos descarregados sem tratamento adequado geram um número considerável de alterações no ambiente recetor (Manjushree e al .2013). Estes efluentes são caracterizados por pH alcalino, cor castanha escura, odor desagradável, elevada carência biológica e química de oxigénio, sólidos totais dissolvidos e uma mistura de poluentes orgânicos e inorgânicos.

Os métodos disponíveis para o branqueamento de efluentes dependem do estado dos corantes utilizados (solúveis ou insolúveis). Para os corantes insolúveis, as técnicas utilizadas são geralmente mecânicas (decantação, flotação, centrifugação, com ou sem floculação). Relativamente aos corantes solúveis, são utilizados outros métodos: Os corantes e os pigmentos são considerados cancerígenos e altamente tóxicos para os seres vivos, o que torna necessária a remoção dos corantes das águas residuais. Os processos biológicos são ineficazes para remover a cor.., porque os grupos de átomos responsáveis pela cor são os grupos cromóforos (-C = C - C = C -;-C = N -;-N = N -;- C = C - C = O e os grupos auxocrómicos: - NH2, - OH, - O - CH3; - Br. (Coia - Ahlman. e al 1990)(Ben Mansour e al 2011)(Zhang.e al 2010). na indústria têxtil, os métodos convencionais de remoção de cor, tais como: coagulação, floculação são frequentemente utilizados (Simphiwe.and al 2012) (Walton and al 2006); bem como outros adsorventes, tais como carvão ativado comercial (CAC), argilas e minerais de argila (McKay 1983b), serradura, bagaço, casca de laranja, raízes também têm sido utilizados, mas o custo destes processos deve ser estudado . na indústria têxtil, são frequentemente utilizados métodos convencionais de remoção de cor, tais como: coagulação, floculação (Simphiwe.e al 2012)(Walton e al 2006); bem como outros adsorventes, tais como carvão ativado comercial (CAC), argilas e minerais de argila.(McKay 1983b), serradura, bagaço, casca de laranja, raízes, também têm sido utilizados, mas o custo destes processos deve ser estudado .1994) (Sheng e Chif.1994)(Li e al. 2007).).

Capítulo 2

2. MATERIAL E MÉTODOS

2.1 Adsorvato

Os corantes directos utilizados neste estudo são "vermelho 216, azul 186 e amarelo 4", bem como uma mistura dos três corantes em proporções iguais. As propriedades químicas dos corantes estudados são mostradas na Figura 1 e na Tabela 1. Foi recolhido na fábrica têxtil "DBK, Argélia", diretamente em grandes tanques de armazenamento de tingimento, as concentrações de equilíbrio dos corantes foram determinadas por um espetrofotómetro UV-visível "Shimadzu UV 160".

Direct Blue 183

Name:C.I.Direct Blue 183,C.I.31951

Molecular Structure: trisazo class

Molecular Formula: $C_{41}H_{31}N_7Na_2O_{11}S_2$

Molecular Weight: 907.84

2.1

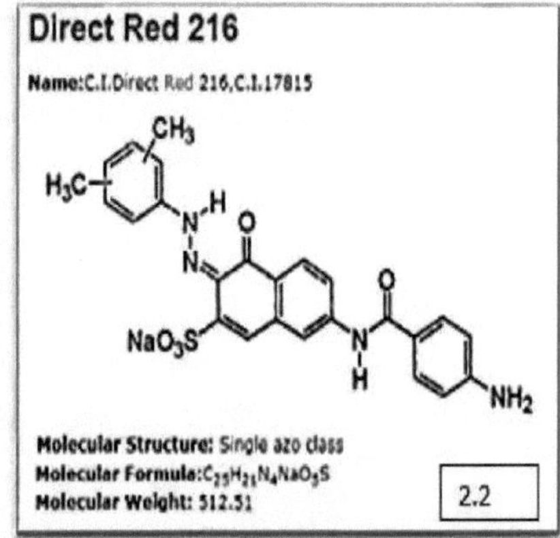

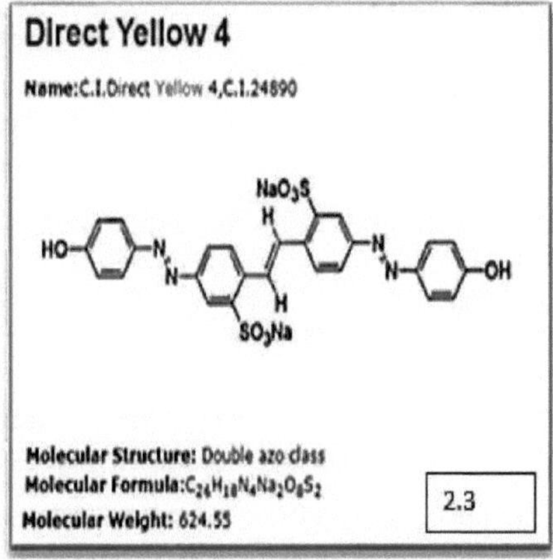

Figura N°1: Fórmula química dos corantes

(fonte : SHAOXING BIYING TEXTILE TECHNOLOG Y.LTDWWW.biyingdye.com

2.2 Adsorvente

A escolha do algodão é também motivada pelo facto de o algodão cru conter cerca de 87% de celulose, mas após o tratamento aumenta para 98-99%, é um material muito adsorvente e tem uma qualidade muito elevada de hidropila, é um material disponível e barato (Lepot, 2012).

Estes corantes têm uma afinidade com as fibras celulósicas (algodão), os focos que intervêm nesta propriedade são as pontes de hidrogénio, as forças dipolares e as interacções hidrofóbicas, e isto é feito através dos grupos hidroxilo da celulose, (Sanghi , Bhattacharya 2002).

Durante a operação de tingimento de têxteis, uma fração do corante é fixada na fase sólida da fibra e a outra fração permanece na fase aquosa; no final do processo, é a fração solúvel que deve ser removida (Miljkovic. 2007).

Os corantes directos têm uma estrutura linear e planar sintetizada com grupos de ácido sulfónico para aumentar a sua solubilidade em água, são particularmente valorizados para tingir fibras celulósicas (Figura 1), este comportamento permite que o corante se ligue às cadeias de celulose na fibra de algodão, muitas vezes por ligação intermolecular (incluindo hidrogénio)...

Os corantes directos são também muito importantes no

processo de tingimento das fibras celulósicas: 75% do consumo total é utilizado para tingir substratos de algodão ou viscose. A área específica do algodão é de 10^{-3} km^2 $.kg^{-1}$ - 13, 4.10-3 km^2 .kg-1, (Gregg e al.1982) (Kaewprasit e al.1998).

Corantes que têm uma toxicidade aquática e/ou efeitos alergénicos (Sharmila .2010) (Verma . 2008). Também é importante mencionar aqui que cerca de 60 a 70 por cento dos corantes utilizados atualmente são azo-corantes (Hildenbrand e al.1999) em condições de redução, estes corantes podem produzir aminas e alguns deles são cancerígenos)

Para o nosso estudo, utilizámos resíduos de algodão da fábrica têxtil DBK (Argélia). São recuperados no início do processo de fabrico (algodão cru) e após o corte do tecido, no estado bruto (figura 3), entre os resíduos recuperados na unidade DBK (resíduos de cardagem, resíduos Willo) contêm menos impurezas, cerca de 18%.

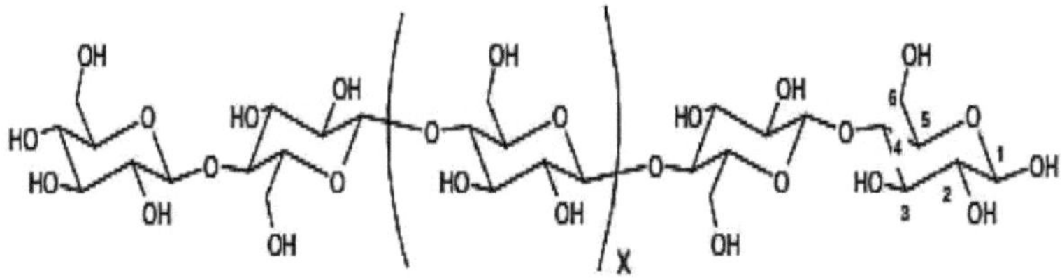

Figura N°2 fórmula química do algodão

Quadro 1: Características dos corantes directos utilizados

	Blue 183	Red 216	Yellow 4
Solubility [g/l] 90°C 60°C 30°C	40 30 30	80 60 60	80 50 50
Removal dégrée (%)	87	99	95
Equalizing power 98°C/208°F 130°C/266°F	médian good	good médian	Very good Very good

2.2.1 Estrutura da superfície do algodão

A superfície da estrutura do algodão, vista sob um microscópio eletrónico (dotopon Electronique pratique, 5MP USB 8), mostra que o material tem uma certa porosidade de diferentes tamanhos, especialmente mesoporos e microporos distribuídos de forma desigual (Figura 3.1 e 3.2) e que denota a sua capacidade de adsorver moléculas de médio e grande diâmetro, o que facilita a adsorção física achatada.

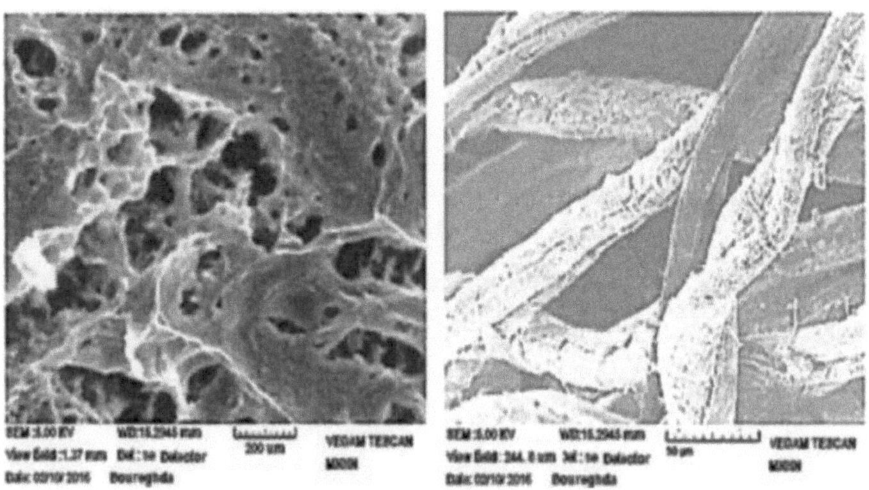

Figura 3: vista microscópica da fibra de algodão

2.3 Características das águas residuais

As análises das águas residuais (quadro n.º 2) foram efectuadas diariamente no âmbito do controlo da poluição. O método utilizado para o tratamento dos efluentes na fábrica

O banho de corante tem um pH alcalino (9,95), devido à presença de Na_2CO_3, um agente alcalino, na solução de corante direto.

A diminuição do pH da solução de decapagem deve-se ao consumo do agente alcalino durante o processo de tingimento.

Os sólidos em suspensão resultam de produtos químicos usados, de concentrações elevadas de corantes e de resíduos de fibras. Notamos também que a turvação se deve a uma má exaustão do banho de tingimento e talvez a uma fixação inadequada do corante direto e à hidrólise dos corantes reactivos. Este elevado teor de Carência Química de Oxigénio é explicado pela elevada concentração de corantes e produtos químicos usados.

1.4 . Procedimento:

Em frascos de 1 litro de efluente colorido (para cada cor), numa concentração de 35%, introduzimos quantidades crescentes de 0,5, 1, 1,5, 2, 2,5 e 3 gramas de resíduos de fibras de algodão, as concentrações são dadas na tabela 3.

Optámos por duas abordagens: uma é a adsorção em batelada estática e a outra em sistema de batelada agitada. e ver a influência da agitação no tempo e na eficiência da adsorção.

1.5 Posições de amostragem

A Figura 4. Mostrar, locais de recolha de amostras de resíduos

fibras de algodão e águas residuais

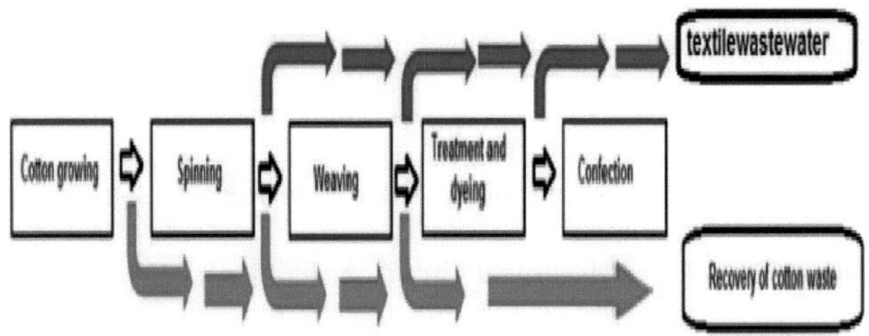

Figura n.º 4: amostra retirada do estudo

Capítulo 3

3. RESULTADOS E DISCUSSÕES

3.1 *Ensaios de descoloração de tingimento com água DBK.*

Os testes foram efectuados com corantes directos em resíduos de algodão da mesma unidade. O tingimento é feito de acordo com o método periódico com as mesmas receitas utilizadas no local. Após a remoção da água e o esgotamento do banho de lavagem, a concentração inicial dos corantes é medida pelo método espetrofotométrico com base na curva de calibração previamente preparada para cada corante.

NB: o adsorvente era cru e, neste estudo, tomámos em consideração o peso do adsorvente (fibra residual) e o tempo de esgotamento da solução colorida. As experiências foram realizadas num sistema descontínuo.

3.2 Ensaios de adsorção

3.2.1 Influência do tempo de contacto e da massa da fibra na adsorção do corante, sistema em repouso O interesse da

investigação nesta etapa é determinar a massa das fibras e o comprimento de onda em que a adsorção do corante pelo adsorvente é razoável e interessante. A partir destes resultados, é de notar que a taxa de É proporcional ao peso da fibra e ao tempo de contacto. No entanto, o fenómeno de branqueamento estabilizou-se aos 120 minutos mesmo que se aumente a quantidade de adsorvente.

Observamos que a cinética do corante é a mesma para todas as cores e suas misturas com uma saturação do adsorvente por contacto após 120 min. Podemos dizer que a descoloração de águas residuais de corantes directos por fibras de algodão é possível, uma vez que os resultados são satisfatórios. Este facto pode ser explicado pela elevada afinidade destes corantes com estas fibras. Os resultados são mostrados nas Figuras 5, 6, 7 e 8.

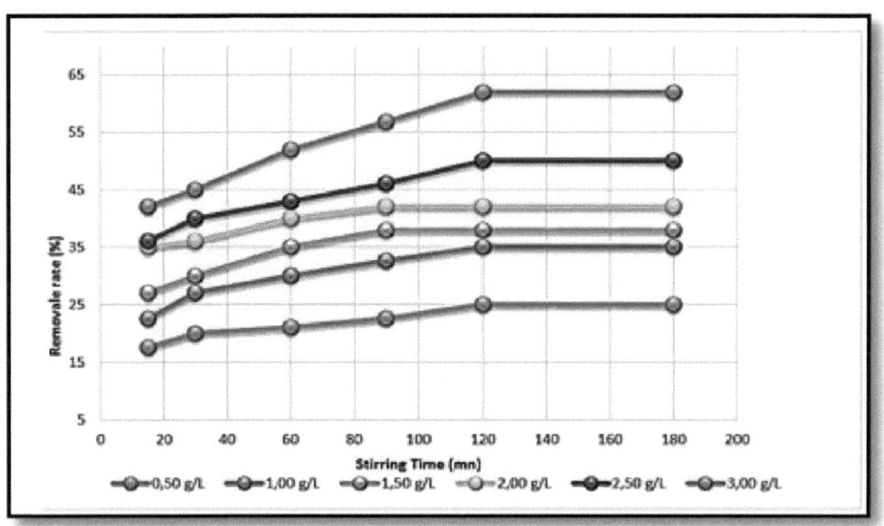

Figura N°5 efeito do tempo de contacto na taxa de desvanecimento (corante azul direct183)

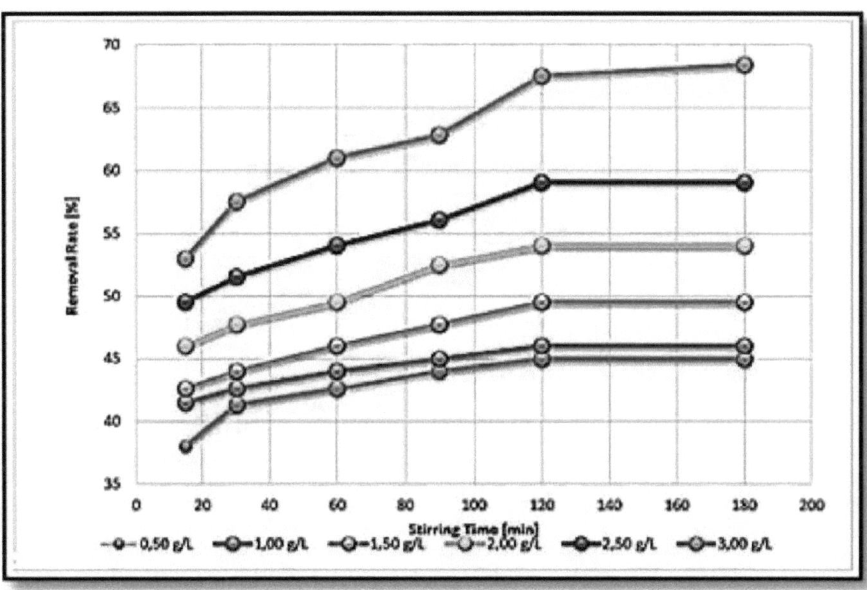

Figura n.º 6 Efeito do tempo de contacto na taxa de desvanecimento (corante direto amarelo 4)

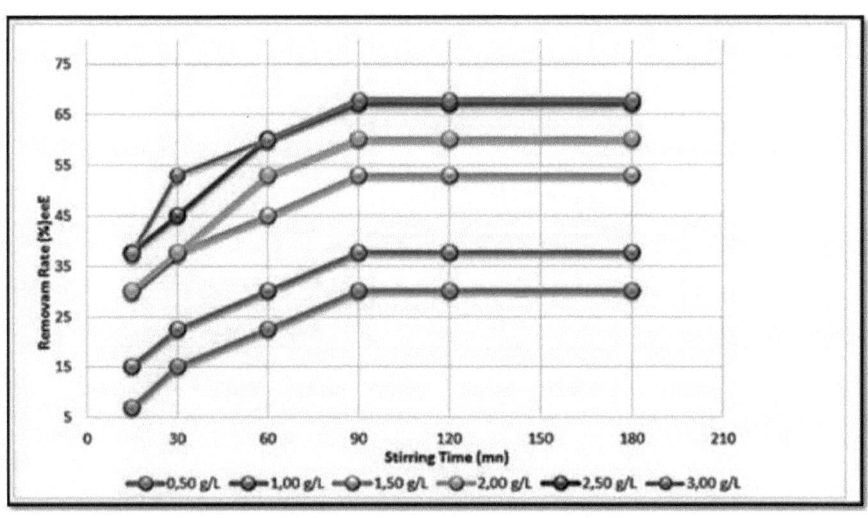

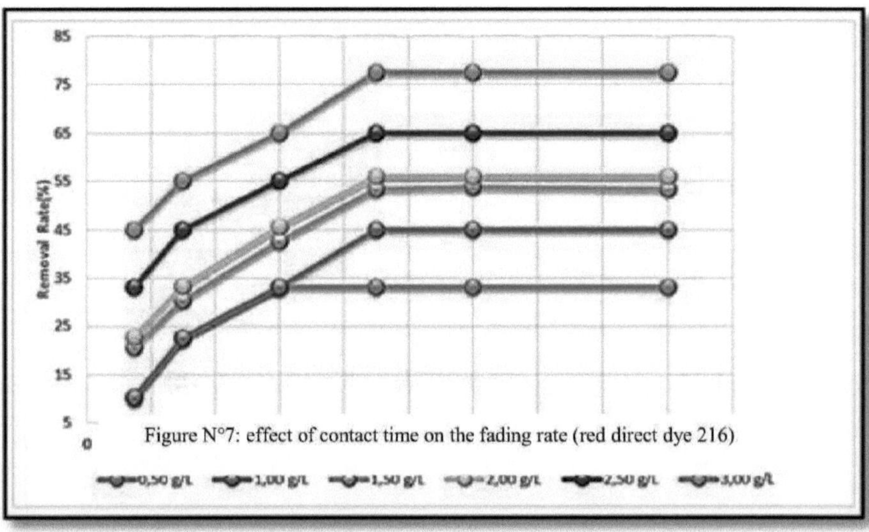

Figure N°7: effect of contact time on the fading rate (red direct dye 216)

Figura N°8: efeito do tempo de contacto no desvanecimento (mistura de corantes directos).

3.2.2: Influência da agitação no tempo de adsorção dos corantes directos

Um dos objectivos a atingir nesta parte é encontrar a taxa óptima de exaustão da cor em função da massa de fibra de algodão com uma agitação moderada de 25 rpm. Os resultados são mostrados nas Figuras 9, 10 e 11.

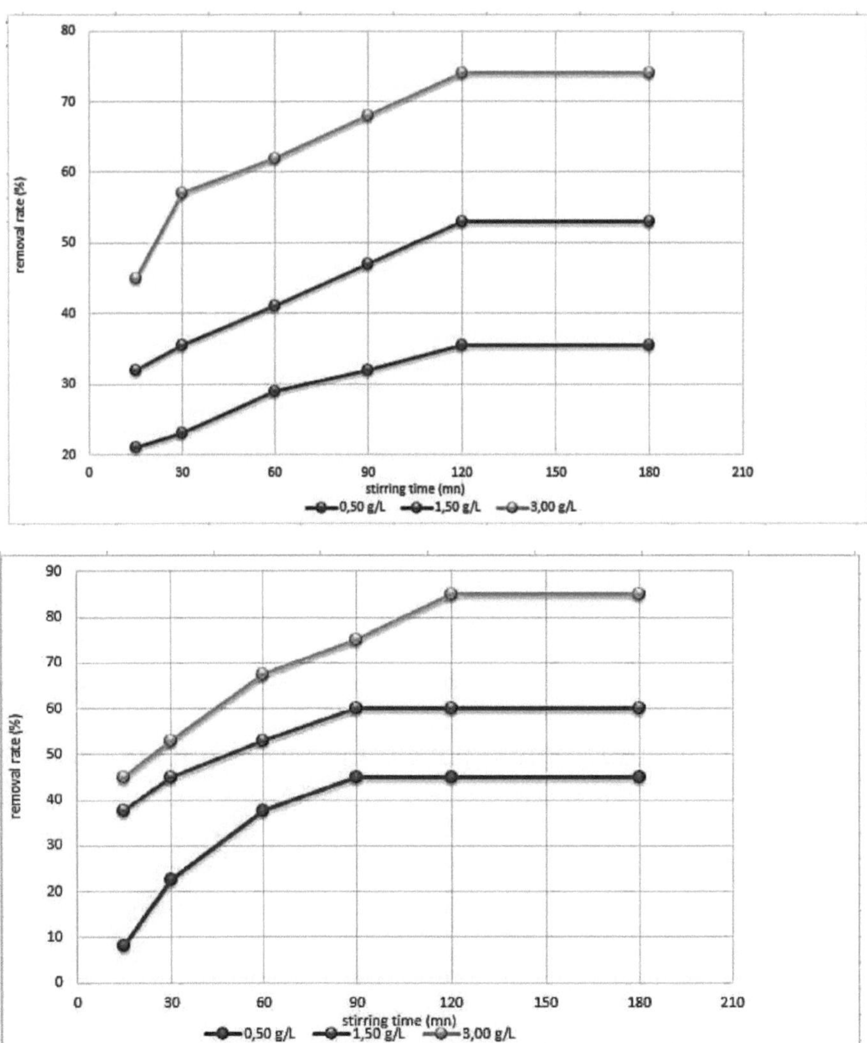

Figura N°10: Influência do tempo de agitação na taxa de descoloração (corante direto azul183)

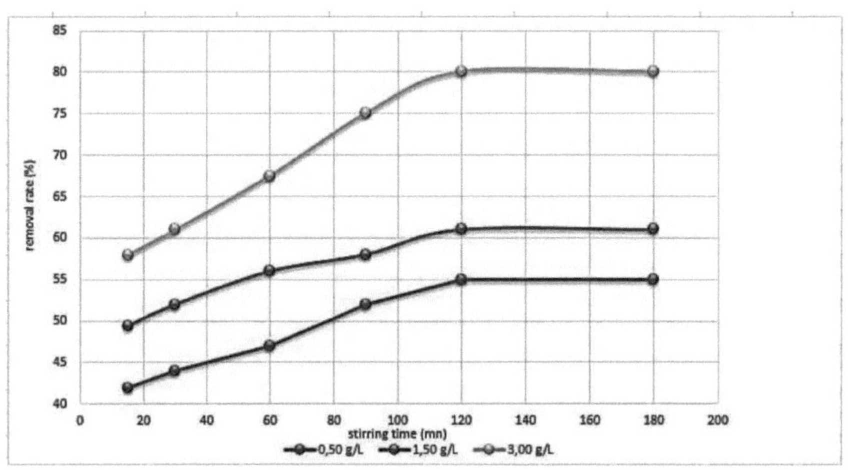

Figura N°11j, Influência do tempo de agitação na taxa de descoloração (corante direto amarelo4)

Os resultados mostram que as taxas de remoção dos corantes aumentam proporcionalmente com o aumento da massa das fibras e com o tempo de agitação. O desempenho da adsorção atinge taxas que variam entre 80 e 90%, e os rendimentos são muito melhores do que a adsorção estática

Observamos que uma agitação moderada, embora dando um rendimento muito bom, diminui o tempo de adsorção de 30 min para o corante vermelho direto e não tem influência sobre os outros dois, isto é provavelmente o modo de fixação e a estrutura química espacial do corante, o que parece dizer que a adsorção é para um modelo químico para o vermelho e físico (forças de van der walls) para os outros dois corantes.

Capítulo 4

4. Cinética de adsorção

Vários modelos matemáticos eficazes são utilizados para estudar o mecanismo de adsorção e avaliar a taxa de adsorção, e vários modelos cinéticos são utilizados para testar dados experimentais (Ho 2001). Para explorar o comportamento de difusão e as resistências de adsorção, que podem resultar dele, é necessário utilizar um modelo de difusão intraparticular (Weber, 1963).)

$$.qt = k_p t^{1/2} + I \qquad \text{eq. 1}$$

q e t: quantidade "mg" de adsorvato por "g" de adsorvente "t (mg / g) no tempo t (min), kp: constante de velocidade do modelo de difusão intraparticular (mg / g mn1 / 2) I: interceção,

Os valores de "I" dão uma ideia da espessura da camada limite. Neste modelo, a curva de absorção deve ser linear se a difusão intraparticular estiver envolvida no processo de adsorção e se as curvas passarem pela origem, neste caso, a difusão intraparticular é o passo que controla a velocidade (Lagergren .1898).

Se as curvas não passarem pela origem, o que mostra alguma limitação da adsorção da camada limite, e a difusão interna não é o único fator limitante, e existem outros modelos cinéticos que controlam a taxa de adsorção

A equação de pseudo-primeira ordem é geralmente representada da seguinte forma [36]:

$$\frac{dq}{dt} = k_1(q_{e-}\ q_t) \qquad \text{eq. 2}$$

Se "qe" for a quantidade de corante adsorvido no equilíbrio (mg / g) e "k1" for a constante de velocidade de equilíbrio, a cinética da reação de pseudo-primeira ordem (mn.1), após integração aplicando as condições [qt = 0 a t = 0 e qt = qt a t = t], então a Eq. (2) passa a ser

$$\log(q_{c-}\ q_t) = \log q_{c-}\ \frac{k1}{2.303}t \qquad \text{eq. 3}$$

Os dados foram aplicados à equação de pseudo-segunda ordem que se escreve: (Eq.4)

$$\frac{dq}{dt} = k_2\ (q_c - q_t)^2 \qquad \text{eq. 4}$$

Quando k_2, que é constante para a taxa de equilíbrio (g / mg/min), da equação de pseudo-segunda ordem, a integração da eq. (4) dá a eq (5):

$$\frac{t}{q_t} = \frac{1}{k_2}\frac{1}{q_c^2} + \frac{1}{q_c}t \qquad \text{eq. 5}$$

O modelo de adsorção dos três corantes estudados é consistente com a cinética de adsorção de pseudo-segunda ordem com um bom coeficiente de correlação.

Os modelos de Freundlich Langmuir e Tempkin estudaram os modelos de isotérmicas de adsorção em equilíbrio. A equação de Langmuir é muito adequada para descrever a adsorção de materiais em superfícies com porosidades homogéneas. O modelo de Langmuir baseia-se nas seguintes premissas: energia dos locais de adsorção uniforme, adsorção em monocamada (porosidades homogéneas) sem interação entre as moléculas fixadas nos poros. Pode escrever-se uma expressão matemática do modelo de Langmuir como (eq:6) (Langmuir, 1918)

$$q_c = \frac{Q_c.K_L C_e}{1+k_e C_2} \quad \text{eq. 6}$$

Se KL for a constante de equilíbrio de Langmuir (L/mg), Ce for a concentração de equilíbrio do adsorvato (mg/L), qe (mg/g) for a quantidade adsorvida no equilíbrio, e Q0 for a capacidade máxima de adsorção (mg/g). A equação linear de Langmuir é a seguinte

$$\frac{C_e}{q_c} = \frac{1}{K_L}\frac{1}{Q_0} + \frac{C_e}{Q_0} \quad \text{eq. 7}$$

A caraterística essencial da isotérmica de Langmuir pode ser expressa pela constante adimensional denominada parâmetro de equilíbrio, R_L, definida por

$$R_L = \frac{1}{1+K_L+C_0} \quad \text{eq. 8}$$

Onde C0 é a concentração inicial do corante (mg/L). Os valores DE R_L indicam que o tipo de isoterma é irreversível (R_L = 0), favorável (0 < R_L < 1) e desfavorável (R_L > 1) (Mahmoudi .2008).

A isotérmica de Freundlich mostra a heterogeneidade da

superfície do adsorvato (algodão) e indica que a adsorção ocorre em sítios com diferentes energias de adsorção e diferentes diâmetros distribuídos desigualmente na superfície. A energia de adsorção varia em função da cobertura da superfície (Freundlich.1906). Um método matemático A expressão da isotérmica de Freundlich é (eq8)

$$q_e = K_F C_e^{1/n} \qquad eq.9$$

Se n for o fator de heterogeneidade e K_F (L/mg) for constante de Freundlich, o valor de K_F estará relacionado com o desempenho da adsorção, enquanto o valor "1/n" é função da intensidade da adsorção.

Os valores "1 / n" direccionam-nos para o tipo de isotérmica irreversível se (1 / n =0), positiva (0 <1 / n <1), negativa (1 / n> 1). A Eq. (9) pode ser reduzida à forma linear (Mahmoodi e Arami 2008):

$$\log q_e = LogK_F + \frac{1}{n} logC_e \qquad \text{eq. 9}$$

O modelo de isoterma de Tempkin é função de um fator

que tem especificamente em conta as interacções entre as espécies adsorventes e o adsorvente. A equação de Tempkin é dada como (Tempkin e Pyzhev-.1940) (Kim.2004)

$$q_c = \frac{RT}{bLn(K_T\ C_e)} \qquad eq.\ 10$$

Isto pode ser linearizado como:

$$q_e = B_1 LnK_T + B_1 LnC_e \qquad \text{eq. 11}$$

Onde:

$$B_1 = \frac{RT}{b} \qquad \text{eq. 12}$$

A equação de Tempkin baseia-se em duas hipóteses: a primeira é que a energia de adsorção das moléculas de corante na camada limite diminui proporcionalmente com o grau de acumulação destas moléculas, seguindo modelos de "fixação" do adsorvente. A curva de "qe" em relação a "ln Ce" permite obter as constantes isotérmicas, B1 (o declive) e K_T (a ordenada na origem). K_T é a constante de ligação de equilíbrio (L / mol) correspondente à energia de ligação máxima e a constante B1 está relacionada com a energia de adsorção. Q_0, K_L, R_L, R_L^2 Isotérmica de Langmuir

coeficientes de correlação), KF, n, R_F^2 (Freundlich isothermal

coeficientes de correlação),KT, B1 e R_T^2 da isotérmica

são apresentados nos quadros 4 e 5

Quadro n.º 4: Coeficientes de correlação das isotérmicas de adsorção dos três corantes directos

		Langmuir isotherm model			Freundlich isotherm model			Tempkin isotherm model		
Température (C)	Q_0	K_L	R_L	R_L^2	K_F	n	R_F^2	K_T	B_1	R_T^2
Direct Red 216										
20	24.56	0.23	0.07	0.99	19.56	3.56	19.56	3.67	12.05	0.996
30	24.31	0.27	0.06	0.999	20.47	3.78	0.992	4.63	12.38	0.976
40	23.78	0.25	0.06	0.999	22.78	3.90	0.993	7.78	11.12	0.976
50	21.54	0.26	0.05	0.999	25.76	4.12	0.884	10.96	10.98	0.980
Direct Blue 183										
20	22.54	0.13	0.13	0.992	7.93	2.45	0.999	1.65	7.67	0.94
30	21.89	0.15	0.11	0.994	8.74	2.67	0.999	1.97	7.48	0.956

40	21.65	0.17	0.10	0.995	9.67	2.87	0.999	2.65	7.23	0.945
50	20.32	0.19	0.08	0.992	10.67	2.91	0.999	3.17	7.09	0.934
Direct Yellow 4										
20	20.54	0.12	0.12	0.991	7.91	2.43	0.991	1.69	7.66	0.956
30	19.89	0.13	0.10	0.994	8.72	2.69	0.991	1.91	7.45	0.951
40	18.65	0.15	0.09	0.993	9.66	2.89	0.992	2.56	7.29	0.949
50	17.32	0.17	0.08	0.993	10.70	2.92	0.992	3.10	7.11	0.938

Tabela N°5: parâmetros de energia de adsorção para os três corantes directos

Dye Concentration (mg/L)	$(q_e)_{exp}$	Intraparticle diffusion model	Pseudo-first order					Pseudo-second order		
		k_p	I	RI2	(q_e) cal.	k_1	R_T^2	(q_e) cal.	k_2	R_T^2
Direct Red 216										
20	23.07	4.53	6.12	0.68	09.25	0.27	0.48	24.07	0.045	0.99
40	42.45	7.07	13.00	0.79	22.55	0.38	0.61	45.76	0.03	0.98
60	54.47	8.82	14.01	0.86	39.01	0.39	0.86	61.56	0.02	0.99
80	59.55	8.01	15.66	0.91	42.31	0.42	0.79	77.81	0.15	0.99
100	65.78	9.93	16.45	0.92	45.76	0.45	0.68	99.78	0.01	0.99
Direct Blue 183										
20	21.56	2.74	7.16	0.64	11.54	0.92	0.95	19.67	0.05	0.99

40	40.32	6.65	13.88	0.68	18.79	0.68	0.94	37.45	0.03	0.98
60	49.83	7.78	14.32	0.73	22.78	0.62	0.92	42.78	0.02	0.99
80	56.13	8.11	14.99	0.76	23.10	0.59	0.91	48.65		0.99
100	63.78	8.86	15.65	0.80	35.76	0.56	0.90	56.35	0.02	0.99
Direct Yellow 4										
20	20.25	2.74	7.66	0.64	11.45	0.94	0.94	21.67	0.06	0.99
40	38.23	5.65	13.25	0.69	17.79	0.74	0.95	31.74	0.04	0.99
60	47.90	6.21	14.78	0.73	21.78	0.65	0.95	40.78	0.039	0.98
80	58.62	7.10	15.06	0.77	22.56	0.61	0.94	51.65	0.03	0.98
100	61.80	7.42	15.66	0.80	35.76	0.57	0.93	60.88	0.02	0.99

Os valores encontrados mostram que as isotérmicas do Vermelho Direto e do Azul Direto seguem as isotérmicas de Langmuir, enquanto que as isoladas do Amarelo Direto seguem o modelo de Freundlich

Capítulo 5

5. Determinação do esgotamento do corante

5.4 Taxa do tempo de tingimento

O tempo de tingimento é o tempo que o sistema leva num processo de tingimento para absorver a quantidade máxima de corante de equilíbrio. Este valor permitir-nos-á comparar a cinética de subida de três corantes utilizados em não-tecidos de fibra de algodão, que são apresentados nas figuras 12.13 e 14.

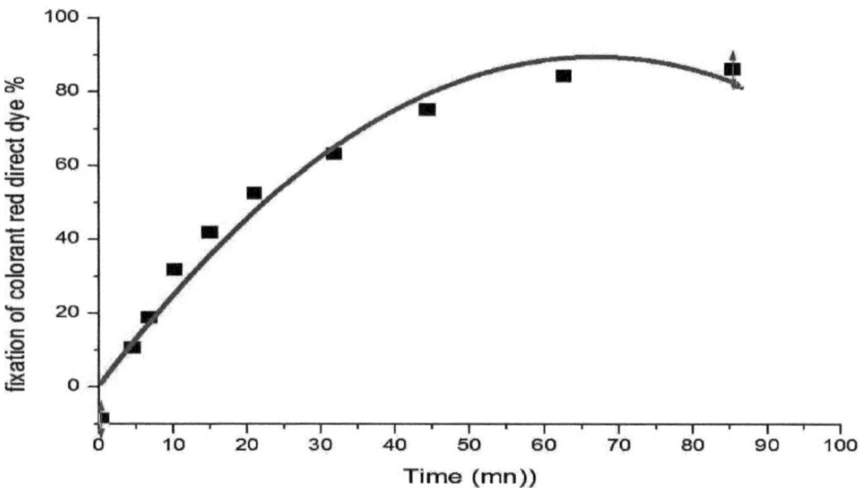

Figura N°12: Cinética de fixação do azul

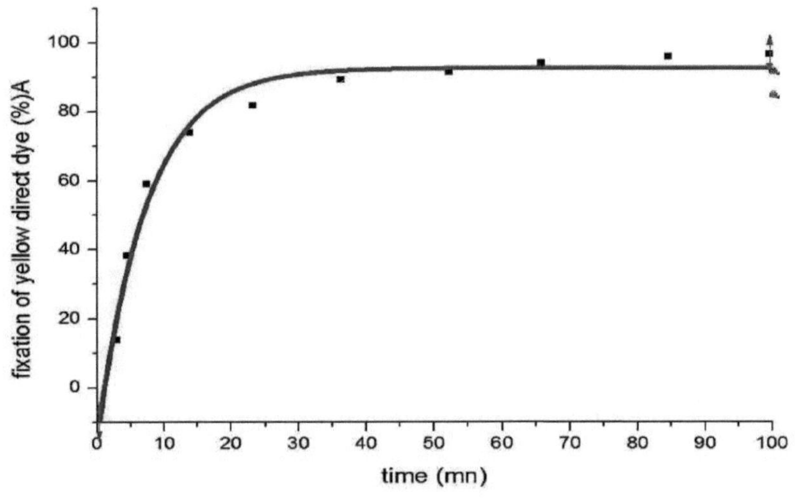

N°13: Cinética de fixação de

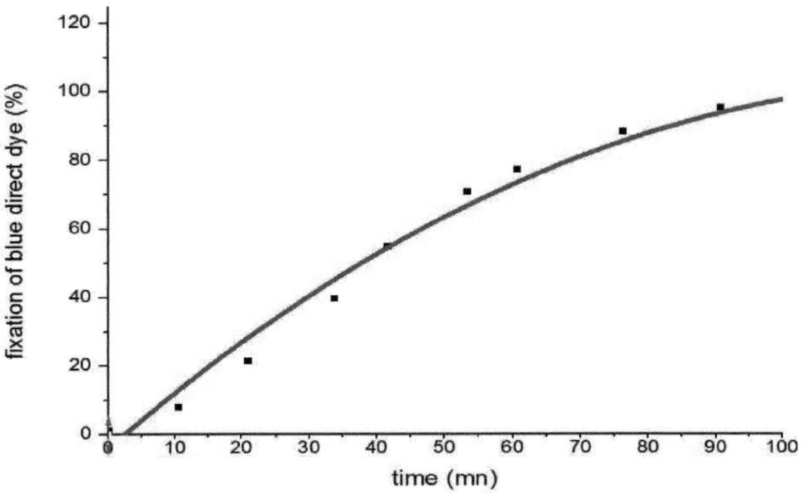

Figura N°14: Cinética de fixação do corante amarelo

Esta abordagem pode ser explicada pela influência da estrutura química espacial do corante, e do seu tamanho, que têm uma influência direta no modo de fixação da molécula do corante na fibra caracterizada principalmente pela sua porosidade e pela homogeneidade da sua superfície adsorvente, Verifica-se que a adsorção do corante azul é monocamada e a sua fixação é plana, enquanto que para os outros dois corantes, a tendência da curva prova uma fixação progressiva e lenta, o que se deve às estruturas das moléculas de corante e ao seu modo de fixação à superfície da fibra de algodão.

Capítulo 6

6. CONCLUSÃO

Os corantes directos, muito solúveis, são também tóxicos e mutagénicos para o ambiente para eliminar estes defeitos, foram implementados vários métodos de branqueamento de têxteis, o que argumenta a favor da sua recuperação por adsorção em resíduos de fibras de algodão no local, a um custo muito baixo de tratamento; É por isso que recomendamos a utilização do método de "adsorção" utilizando resíduos têxteis fibrosos nesta fábrica. Este método tem a vantagem de ser menos dispendioso e valioso para os resíduos e permite um tratamento eficaz das águas de tinturaria, existindo uma elevada taxa de poluição das águas tratadas

Finalmente, verifica-se que a velocidade de branqueamento é proporcional à massa fibrosa e à agitação, o que influencia positivamente o desempenho do branqueamento.

Agradecimentos

Os autores gostariam de deixar registados os seus sinceros agradecimentos à fábrica têxtil de Draa-Benkhedda pela assistência financeira e à "Unidade de investigação: Materiais - Processo e Ambiente" (UR-MPE) da Universidade de Boumerdes, pela sua assistência científica na realização deste trabalho

REFERÊNCIAS

Aboua KN, Yobouet YA, Yao KB, Gone DL, Trokourey A, (2015), Investigação da adsorção de corantes em carvão ativado a partir das cascas de frutos de Macore, J Environ Manage 1, 156:10-4, doi: 10.1016/j.jenvman.2015.03.006

Ben Mansour H, Boughzala O, Dridi D, Barillier D, Chekir- Ghedira L, Mosrati R (2011), Les colorants textiles sources de contamination de l'eau : Criblage de la toxicite et des methodes de traitement, Revue des sciences de l'eau, 24, 3 : 193-327

Ben Mansour H, Boughzala O., Dridi D, Barillier D, Chekir Ghedira L Mosrati R, (2010) ,Les colorants textiles sources de contamination de l'eau : CRIBLAGE de la toxicite et des methodes de traitement, revue sciences de l'eau , 24, 3: 209-238

Chibane M, Zerbet M, Carja G , Sinan F,(2012), Aplicação de adsorventes de baixo custo para a remoção de arsénio, uma revisão Journal of Environmental Chemistry and Ecotoxicology, 4, 5: 91102

Chunli Zheng, Ling Zhao, Xiaobai Zhou, Zhimin Fu, An Li, (2013), Tecnologias de tratamento para águas residuais orgânicas, Tratamento de água, Dr. Walid Elshorbagy (Ed.), InTech, DOI: 10.5772/52665

Coia - Ahlman S. e Groff K. A.: 1990, 'Textile wastes, Res', J. Wat. Poll. Cont. Fed. 62: 473-478

Elmoubarki A, Mahjoubi F.Z, Tounsadi H. Moustadraf J, Abdennouri M, Zouhri A, El Albani A C, Barka N A, (2015).Adsorção de corantes têxteis em argilas marroquinas cruas e decantadas: Cinética, equilíbrio e termodinâmica, Recursos Hídricos e Indústria, 9:16-29

El-Sharkawy E.A, (2001), Adsorption of Textile Dyes on to Activated Carbons Synthesized from Solid Waste: Decolourizing Power in Relation to Surface Properties, Science & Technology. 19 , 10:

795-811

Freundlich H.M.F (1906), die adsorption in lasugen,Zeitschrift fur Physikalische Chemie (Leipzig), 57A: 385-470

Gregg I, Sing KS, Sing W, (1982), the physical adsorption of gases by nonporous solids, the type II isotherm in adsorption surface area and porosity academic Press. Londres: 41-110

Gurses A, Agıkyıldız M, Gune§ K, Sadi Gurses M, (2016) Dyes and Pigments: Their Structure and Properties, Springer, Briefs in Green Chemistry for Sustainability, :13-29, DOI 10.1007/978-3-319-33892-7_2

Hildebrand S, Schmah IR, Wodarz R, Kimme IP, Dartsch. C (1999) Azo dyes and carcinogenic aromatic amines in cell cultures International, Archives of Occupational and Environmental Health, 72, sup 3: M52-M56

Ho Y.S (2001), Sorption studies of acid dye by mixed sorbents, Adsorption, 7:139-147.

Hourlier F, Masse A, Jaouen P, Lakel A Gerente C, Faur C, Le Cloirec P,(2010), Formulação de uma água cinzenta sintética como ferramenta de avaliação das tecnologias de reciclagem de águas residuais, Environ. Technol., 31, 2: 215-223

Hua-Zhang, ZhaoYan Sun Li-Na Xu Jin (2010), Remoção de Acid Orange 7 em águas residuais simuladas utilizando um reator de eléctrodos tridimensional: Mecanismos de remoção e via de degradação do corante ,Chemosphere 78, 1: 46-51

Kaewprasit E, Hequet N, Abidi F, Kaewprasit C, (1998), Application of methylene Blue adsorption to cotton fiber specific surface area measurement, Part I. Methodology ,Journal of Cotton Science, 2, 4:164-173

Kim Y, Kim C, Rengaraj JY,(2004) ,Arsenic removal using mesoporous alumina prepared via a templating method, Environmental Science and Technology, 38, 11:3214-3215

Lagergren S (1898), sobre a teoria da chamada adsorção de substâncias solúveis, Scientific research, 24 :1-39

Langmuir, (1918), a adsorção de gases em superfícies planas de vidro, mica e platina Journal 1of American Chemical Society, 40: 1361-1403.

Lepot L, (2012), application, de la spectropie Raman a l'analyse des colorants sur fibres de coton dans le contexte de la criminalistique, dissertation presentee en vue de l'obtention du grade de docteur en sciences, universite de Liege

Li J, Li M, Li J, Sun H, (2007) Decolourização de azo corante direto escarlate 4BS solução usando grafite esfoliada sob irradiação ultra-sônica, Ultrason Sonochem, 14: 241-249

Lin, S.H. & Chen, L.M. (1997). Tratamento de águas residuais têxteis por métodos químicos para reutilização. Water Res., 31, 4: 868-876

Mahmoudi M. (2008), Modelação e análise de sensibilidade da adsorção de corantes em adsorventes naturais de águas residuais têxteis coloridas Journal of Applied Polymer Science, 109: 4043-4048

Manjushree C, Mostafa MG Tapan Kumar Biswas, Ananda Kumar Saha, (2013), Tratamento de efluentes industriais de couro por processos de filtração e coagulação, Recursos Hídricos e Indústria, 3:11-22

Mansoureh Zarezadeh-Mehrizi, Alireza Badiei (2014), Remoção altamente eficiente do azul básico 41 com sílica nanoporosa Recursos Hídricos, DOI:10.1016/j.wri.2014.04.002, 5: 4957

McKay, G.: (1983b), the adsorption of dyestuff from aqueous solution using activated carbon: analytical solution for batch adsorption based on external mass transfer and pore diffusion, Biochem. Eng. J. 27 :187-194

Miljkovic. N, Ignjatovic. B, Aleksandra. R. Zarubica, (2007), influência de diferentes parâmetros no tingimento de material de malha com corantes reactivos, facta universitatis, Series: Física, Química e Tecnologia, 5, 1: 69 - 84 .

Nagarethinam K, Mariappan M, (2002) ,adsorption of Congo red on various activated carbons a comparative Study, Water, Air, and Soil Pollution, 1, 38:289-305

Ramesh Babu B, Parande A.K, Raghu S, Kumar T, (2007), Waste Generation and Effluent Treatment, The Journal of Cotton Science 11:141-153

Sanghi R, Bhattacharya B (2002), Review on decolorisation of aqueous dye solutions by low cost adsorbents, ColorationTechnology, society of dyes and colorants, 118, 5:256-269, DOI:10.1111/j.1478-4408.2002.tb00109X

Sharmila J, (2010), o impacto dos corantes têxteis na bioquímica e histologia de um peixe de água doce, tilápia, Oreochromis mossambicus, Tese "PHD", Instituto de Educação e Investigação da Universidade

Sheng. H, Chif. P, (1994), tratamento de águas residuais têxteis por método eletroquímico, water. Res, I, 28, 2: 277-282. Li J, Li M, Li J, Sun H, (2007) Decolourização de azo corante direto escarlate 4BS solução usando grafite esfoliada sob irradiação ultra-sônica, Ultrason Sonochem, 14: 241-249.

Simphiwe P Buthelezi Ademola O Olaniran Bala Pillay, Remoção de corantes têxteis de efluentes de águas residuais utilizando biofloculantes produzidos por isolados bacterianos indígenas, Molecules 17(12):14260-74 - dezembro de 2012

Tempkin M.J, Pyzhev-Recent V (1940), modificação das isotérmicas de Langmuir, Ata Physicochim USSR, 12:217-222

Valnice M, Drumond F M, Chequer G, Augusto Rodrigues de Oliveira, Elisa Raquel Anastacio Ferraz, Juliano Carvalho Cardoso, Boldrin Zanoni e Danielle Palma de Oliveira, (2013),Corantes Têxteis: Processo de Tingimento e Impacto Ambiental , Tecnologia Têxtil , "Eco-Friendly Textile Dyeing and

Finishing, Dr. Melih Gunay (Ed), Publisher: InTech, DOI: 10.5772/53659

Verma Y. (2008), Acute toxicity assessment of textile dyes and textile and dye industrial effluents using Daphnia magna bioassay, Toxicology Ind Heath , 24, 7: 491-500

Walton K S, Cavalcante CL Jr, Douglas M, LeVan, (2006), Adsorção de alcanos leves em carvão ativado nanoporoso de coco, termodinâmica e processos de separação, Braz. J. Chem.23, 4: 555-561.

Weber WJ, (1963), adsorção em carbono de soluções, Journal of the Sanitary Engineering Division ASCE, 89:360

Zhang MM, Chen WM, Chen BY, Chang CT, Hsueh CC, Ding Y, Lin KL, Xu H. (2010), Estudo comparativo sobre as características da despolarização de corantes azóicos por ecolorizadores indígenas, Bioressource. 10, 1, 8: 2651-2656

Printed by Books on Demand GmbH, Norderstedt / Germany